BEI GRIN MACHT SICH IHR WISSEN BEZAHLT

AF145675

- Wir veröffentlichen Ihre Hausarbeit, Bachelor- und Masterarbeit

- Ihr eigenes eBook und Buch - weltweit in allen wichtigen Shops

- Verdienen Sie an jedem Verkauf

Jetzt bei www.GRIN.com hochladen und kostenlos publizieren

Alexander Liebram

Tageslichtnutzung in der Architektur

GRIN Verlag

Bibliografische Information der Deutschen Nationalbibliothek:

Die Deutsche Bibliothek verzeichnet diese Publikation in der Deutschen National-
bibliografie; detaillierte bibliografische Daten sind im Internet über http://dnb.d-
nb.de/ abrufbar.

Impressum:

Copyright © 2011 GRIN Verlag GmbH
Druck und Bindung: Books on Demand GmbH, Norderstedt Germany
ISBN: 978-3-656-07549-3

Dieses Buch bei GRIN:

http://www.grin.com/de/e-book/183316/tageslichtnutzung-in-der-architektur

Hausarbeit für das Fach

„Energieeffizientes Planen und Bauen – Teil Bauphysik"

Thema:	Tageslichtnutzung
Name:	Alexander Liebram
Studiengang:	Regenerative Energie & Energieeffizienz
Fachbereich:	15 (Maschinenbau)
Abgabedatum:	29.07.2011

Abbildung 1: Union Station in Chicago

Inhalt

1. Abkürzungsverzeichnis

Abb.	-	Abbildung
bzw.	-	beziehungsweise
LEED	-	Leadership in Energy and Environmental Design
U.S.	-	United States

2. Einführung

Der Mensch nimmt laut Forschungen von Psychologen etwa 90% seiner Informationen durch die optische Wahrnehmung auf.[1] Ohne Licht respektive mit nicht hinreichenden Bedingungen gehen daher Informationen verloren oder sind schwerer erfassbar. Licht spielt daher auch in der Architektur eine entscheidende Rolle, da es neben Temperatur und Luftfeuchte einen Beitrag dazu leistet, wie wohl sich Menschen in Gebäuden fühlen. Nicht umsonst kann man mit verschiedenen Lichtfarben unterschiedliche Emotionen und Gefühlszustände auslösen beziehungsweise beeinflussen. In der hier vorliegenden Hausarbeit wird jedoch nicht auf Lichtfarben und künstliche Beleuchtung eingegangen, sondern darauf wie man Tageslicht in der Architektur verwenden kann um ein Gebäude möglichst optimal, entsprechend den Anforderungen auszuleuchten. Ein positiver Begleiteffekt der dabei entstehen sollte ist, dass elektrische Energie für die künstliche Beleuchtung eingespart wird.

Im Verlauf der Arbeit wird darauf eingegangen, welche Anforderungen an eine natürliche Beleuchtung vorliegen und welche Maßnahmen zu treffen sind um eine effektive Tageslichtnutzung zu erzielen, ohne dabei Einschränkungen hinsichtlich des Komforts in Kauf nehmen zu müssen. Es werden im weiteren Verlauf Aspekte genannt die bei einer Tageslichtplanung unbedingt beachtet werden müssen. Abgeschlossen wird die Arbeit durch zwei Beispiel und ein Fazit.

2.1 Lichtversorgung und Energiebedarf

Der Energiebedarf für die elektrische Beleuchtung in Büro- und Verwaltungsgebäuden beträgt im Mittel 22% des Gesamtenergiebedarfs, dass entspricht einem Fünftel des elektrischen Gesamtenergiebedarfs. Die Beleuchtung stellt also gleichzeitig den zweitgrößten Verbraucher dar (siehe Abb. 2). Eine Einsparung auf diesem Gebiet kann vorgenommen werden durch eine effektivere Regelungstechnik in Form von Präsenzmeldern, Zeitschaltungen oder auch Energiesparlampen. Da dieses Potential, zum Teil auch durch die Gesetzgebung (im Falle der Energiesparlampen), ausgereizt bzw. angewendet ist, kann man hier weitere Einsparung durch die Tageslichtnutzung erzielen.

---

[1] siehe Literaturverzeichnis [1] Seite VII

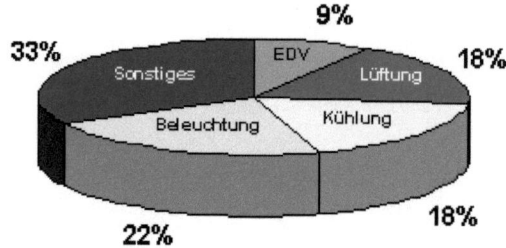

Abbildung 2: elektrischer Energieverbrauch in Bürogebäuden (Quelle: Fachinstitut Gebäude-Klima e.V.)

2.2 Lichtversorgung und Wohlbefinden

Der Mensch benötigt die Verbindung zur Umgebung und Außenwelt, dies stellt ein biologisches Bedürfnis dar. Teilweise gehen Experten sogar davon aus, dass Kunstlicht erhebliche negative Auswirkungen auf die Befindlichkeiten der Bewohner respektive Nutzer besitzt. Daher sollte in erster Linie eine Beleuchtung mit Tageslicht vorgenommen werden. Begründet wird dies mit der Tatsache, dass bei einer Tageslichtbeleuchtung die Wahrnehmung von Tagesrhythmus und Wetter gegeben ist und sich damit eine physiologisch bessere Lebensumwelt einstellt, als bei einer Kunstlichtversorgung.[2] Außerdem führt der Blick in die Ferne in den Pausen maßgeblich zur Entspannung bei.[3]

3. Anforderungen an die Tageslichtnutzung

Bei der Tageslichtnutzung ist nichtsdestotrotz eine genaue Planung erforderlich, da natürlich auch hier Fehler entstehen können. Die meisten Probleme findet man im Bereich der Blendung und Beschattung, sowie bei der Maßgabe einen guten Sichtkontakt nach außen zu erzielen. Häufig entstehen diese Fehler durch eine ungeeignete Kombination von Tageslichtkomponenten, weil zum Beispiel Maßnahmen verbunden werden die sich gegenseitig ausschließen. Aus diesem Grund sollten zwei Vorgaben bei der Planung stets berücksichtigt werden. Zum einen sollte in „normalen Räumen"

---

wenig Technik und eine gute Tageslichtarchitektur angewendet werden, und zum anderen sollten speziell konfektionierte Tageslichtsysteme für kritische Räume benutzt werden.[4]

3.1 Tageslichtgewinnung

Das primäre Ziel besteht darin so viel wie möglich Tageslicht in das Gebäude einzuleiten. Dabei helfen hohe Räume mit hohen Fenstern den Tageslichtquotienten im Gebäude zu erhöhen. Da an bedeckten Tagen die Außenhelligkeit im Vertikalen dreimal größer ist als im Horizontalen, sollten die Fenster bis unter die Decke reichen. Aus diesem Grund sollte der Fassadenfläche hoch sein. Außerdem sollte sich der größte Anteil der Arbeitsplätze in der Tageslichtzone (4m Entfernung vom Fenster) befinden.[5] Weitere geometrische Maßnahmen sind vorne erhöhte Decken und helle Farbgebungen im Innenraum.[6] In Kapitel 4 werden weitere Möglichkeiten erläutert, wie man vorgehen sollte um Tageslicht in das Gebäude zu leiten.

3.2 Gute Lichtverteilung

Die wichtigste Anforderung besteht darin, dass die Leuchtdichten und Beleuchtungsstärken gleichmäßig im Raum verteilt sind. Denn zu extreme Kontraste, durch eine unausgewogene Ausleuchtung kann zu Blendungen, Verschattungen und unangenehmen Raumeindrücken führen.[7] Daher sollte das Licht möglichst flach verteilt werden und tief in die Räume eingeleitet werden. Im Optimalfall ist eine zweiseitige Beleuchtungssituation zu gestalten. Durch Reflexion und Brechung an den Wänden kann weiches Licht erzeugt werden. Weiterhin sollte sich helle Farben an Böden, Wände und Decken befinden.[8]

3.3 Blendungsbegrenzung und Verschattungsvermeidung

Dadurch, dass heutzutage so gut wie jeder Arbeitsplatz mit einem oder mehreren Bildschirmen ausgerüstet ist, ist ein Blendschutz unabdingbar. In kleinen Räumen und mittleren Räumen ist das Problem der Blendung leicht zu lösen. Hingegen in Räumen mit gekrümmten oder langen Fassaden ist den Blenderscheinungen besondere Aufmerksamkeit zu schenken.

Im Allgemeinen müssen Systeme des Blendschutzes flexibel, beweglich und leicht bedienbar sein. An Bildschirmarbeitsplätzen muss der Blendschutz unabhängig, individuell und manuell steuerbar gestaltet werden.[9] Aber auf keinen Fall sollte aufgrund der Verschattung die künstliche Beleuchtung

[4] siehe Literaturverzeichnis [2] Seite 35
[5] siehe Literaturverzeichnis [2] Seite 49
[6] siehe Literaturverzeichnis [3] Seite 11
[7] siehe Literaturverzeichnis [1] Seite 7
[8] siehe Literaturverzeichnis [2] Seite 49
[9] siehe Literaturverzeichnis [3] Seite 10

eingeschaltet werden müssen. Weiterhin sollte der räumliche und zeitliche Kontakt zur Außenwelt trotz des Blendschutzes gegeben sein, um die physiologischen Eigenschaften des Menschen nicht unberücksichtigt zu lassen.[10]

Die Blendungsbegrenzung kann beispielsweise durch Pflanzen vorgenommen werden oder auch kleine bewegliche Stellwände im rechten Winkel zur Fassade. Allerdings häufiger angewendet werden innenliegende oder im Fenster integrierte Jalousien, sowie außenliegende Sonnenschutzsysteme (Rollläden, Markisen).[11]

Nicht zu vernachlässigen ist auch die indirekte Blendung durch Reflexionen an spiegelnden Oberflächen respektive die Schleierblendung durch Reflexion an diffusen Oberflächen. Aus diesem Grund sollten Wände hinter Bildschirmarbeitsplätzen eine dunkle Farbe besitzen, entgegen der allgemeinen Anforderung nach hellen Farbtönen in den Innenräumen. Weiterhin sollte ein Schattenwurf durch Hand- und Körperschatten vermieden werden.[12]

3.4 Integration von Kunstlicht und Regelungstechnik

Jahres- und tageszeitlich, sowie geografisch bedingt kann ein Gebäude natürlich nicht ohne elektrische Beleuchtung auskommen, diese sollte also in das Lichtkonzept integriert werden und zwar so, dass Kunstlicht und Tageslicht aufeinander abgestimmt sind. Es sollte also durch die Regelung ausgeschlossen sein, dass bei ausreichendem Tageslicht die elektrische Beleuchtung angeschaltet ist.

Womit der Punkt der Regelungstechnik tangiert wird. Dieser Baustein kann dazu führen, dass Energie tatsächlich eingespart wird und der Komfort im Raum gegeben ist. Die Regelung sollte also zum Ansteuern der Beschattung und Beleuchtung genutzt werden. Dabei ist die Stellgröße ein Soll-Ist Abgleich von vorgegebenen Werten und gemessenen Werten. Bei Unterschreitung des Soll-Wertes wird das Kunstlicht zugeschaltet und bei Überschreitung wird es abgeschaltet und somit Energie eingespart. Wenn die Strahlung zu hoch ist wird der Sonnenschutz heruntergefahren, womit die Kühllast verringert wird. Allerdings sollten dem Benutzer auch Möglichkeiten zur Steuerung eingeräumt werden um den Bezug zum Gebäude aufrechtzuerhalten und die Nutzerakzeptanz zu fördern. Letztendlich ist durch eine gut eingestellte Mess- und Regelungstechnik eine optimale Tageslichtversorgung und Beschattung, sowie Energieeinsparung gegeben.[13]

---

[10] siehe Literaturverzeichnis [2] Seite 49
[11] siehe Literaturverzeichnis [3] Seite 10
[12] siehe Literaturverzeichnis [1] Seite 7-11
[13] siehe Literaturverzeichnis [2] Seite 50

3.5 Bedienung und Betriebsführung

Die angewendeten Systeme der Tageslichtnutzung sollten einfach und nutzerfreundlich gestaltet sein, da dadurch Fehler im Betreib vermieden werden können, sowie die Kosten der Wartung, Instandsetzung und des Unterhalts gering gehalten werden.[14]

4. Vorgehen für die Erstellung eines optimalen Tageslichtkonzepts

Eine vernünftige Tageslichtplanung muss frühzeitig in den Planungsprozess integriert werden. Dabei müssen Orientierungen, Baukörperform, Strahlungsverhältnisse, Himmelsrichtung und vorhandene Verbauung im ersten Planungsschritt berücksichtigt werden. Im weiteren Verlauf der Planung werden die Größen der Tageslichtöffnungen bezüglich der Raumgeometrie und Anordnung der Räume dimensioniert. Nicht zu vergessen ist ebenfalls die Farbgebung der Wandflächen des Raumes und der Möblierung. [15]

Man erkennt, dass ganzheitliche Lösungen anzustreben sind, denn nur im Zusammenspiel aller Faktoren gelingt eine gute Umsetzung der Tageslichtnutzung

4.1 Umgebungseigenschaften

Im ersten Schritt ist die Umgebung zu analysieren, denn hier kann sich Verschattung durch Nachbarbebauung ergeben, daher sind die Arbeitsräume im Gebäude so anzuordnen, dass die vorhandene Bebauung den Tageslichteinfall nicht beeinträchtigt. Idealerweise sollte der Abstand zum nächstliegenden Gebäude mindestens die Hälfte seiner Höhe betragen.

Weiterhin kann von den Nachbargebäuden auch Reflexion ausgehen, je nach dem welche Farben und Materialien verwendet wurden. Auch Wasser in der näheren Umgebung kann den Tageslichteinfall durch Reflexion verbessern.

Außerdem können vorhandene oder neu gesetzte Pflanzen als Verschattungselemente respektive Blendschutz verwendet werden, dabei müssen allerdings die richtigen Arten und der optimale Standort gewählt werden. So sind beispielsweise Laubbäume im Sommer schattenspendend, durch ihr dichtes Blattwerk und im Winter lassen selbige Licht zum Gebäude durch. Allerdings sollte sich die Begrünung nicht zu nah am Bauwerk befinden und nicht zu dicht sein.

---

[14] siehe Literaturverzeichnis [?] Seite 50
[15] siehe Literaturverzeichnis [1] Seite 79

Selbst Untergeschosse können mit Tageslicht versorgt werden, wenn dass Terrain entsprechend angepasst wird, zum Beispiel durch Absenken des Geländes vor dem Gebäude.[16]

4.2 Baukörpergestaltung

In das Gebäude dringt mehr Tageslicht, wenn die Fassadenfläche größer ist, dadurch steigen zwar auch deren Erstellungskosten, sowie die Kosten der Wärmeerzeugung durch Transmissionswärmeverluste, der elektrische Energiebedarf für die Beleuchtung wird aber verringert. Damit wäre die Variante der Fassadenvergrößerung gerechtfertigt. Umgesetzt wird die Vergrößerung der Fassadenabwicklung, durch runde Formen, Auffächerungen oder Auskerbungen.

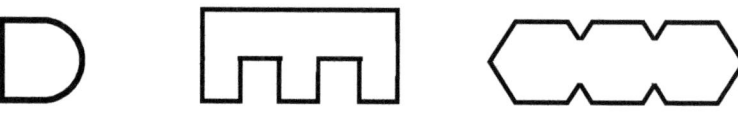

Abbildung 3: Rundung, Auskerbung und Auffächerung um Fassadenflächen zu vergrößern

Weiterhin kann der Baukörper mit einen Lichthof geplant werden, um möglichst viel Licht in zentral gelegene Räume zu bringen. Dabei unterscheidet man grundlegend in offene oder verglaste Innenhöfe und in innenliegende, dreiseitig umschlossene und durchgängige Lichthöfe.

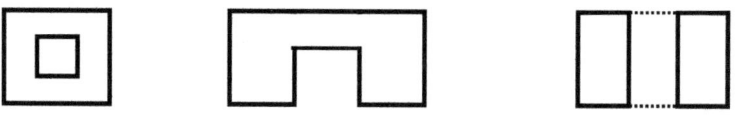

Abbildung 4: innenliegender, dreiseitig umschlossener und durchgehender Lichthof

Mithilfe des Lichthofes kann man die Erschließungs- und Aufenthaltsflächen beleuchten, genauso wie die Verkehrsflächen und auch die Innenräume. Es existieren verschiedenste Gestaltungs- und Nutzungsmöglichkeiten, es ist jedoch darauf zu achten, dass durch einen verglasten Lichthof das Gebäude nicht überhitzt. Bei einer Beleuchtung über einen Lichthof müssen die Räume des Gebäudes auf den Lichthof ausgerichtet werden und sie benötigen lichtdurchlässige Innenwände (sprich Glasflächen oder –Türen) um das Licht durchzulassen.

Weiterhin sollte beim Baukörper darauf geachtet werden, dass An- und Vorbauten verglast sind und das die oberen Geschosse zurückversetzt sind um Platz für Oberlichter für die darunter befindlichen Geschosse zu schaffen.[17]

---

[16] siehe Literaturverzeichnis [2] Seite 51
[17] siehe Literaturverzeichnis [2] Seite 52f.

Abbildung 5: Beispiel für einen innenliegenden verglasten Lichthof

4.3 Gestaltung der Gebäudehülle

In der Gebäudehülle sollten sich große Fenster ohne beziehungsweise mit einem kleinen Sturz befinden, dabei können die Brüstungen auch angeschrägt werden. Spezielle Verglasungen, wie beispielsweise eine Schrägverglasung und Lichtumlenkungen können in kritischen Räumen und bei bewölktem Himmel für eine ausreichende Beleuchtung in hinteren, der Fassade entgegengesetzten Bereichen des Raumes sorgen.

Im Dach sollten einzelne oder bandförmige Oberlichter eingesetzt werden oder es kann ganz und gar auf ein Glasdach zurückgegriffen werden. Auch Räume unter der Erde können durch Oberlichter auf Straßenniveau beleuchtet werden.[18]

4.4 Nutzung von Lichtlenkungselementen

Falls es baulich nicht möglich ist oder betriebsbedingt vom späteren Nutzer nicht erwünscht ist einen Lichthof anzulegen, kann man nichtsdestotrotz Licht in das Gebäudeinnere lenken. Dabei verliert man keine große Geschossfläche, wie es bei Lichthöfen der Fall ist. Mithilfe von Lichtleitsystemen kann man Tageslicht mehrere Geschosse tief in den Gebäudekern führen.

Dabei werden generell zwei verschiedene Ideen verfolgt. Bei der ersten Variante bleibt das Licht ungebündelt, dass heißt es wird nicht konzentriert. Hier wird mit Hilfe eines nachführbaren Flachspiegels Licht in Schächte geleitet, die das Licht weiter in das Gebäudeinnere transportieren. Trotz des einfachen Aufbaus der dazugehörigen Infrastruktur werden für diese Form der Lichtlenkung

---

[18] siehe Literaturverzeichnis [2] Seite 54

relativ große Flächen und Volumina benötigt. Es ist daher schwer diese Idee in einen Gebäudeentwurf zu inkludieren, da Schächte mit großen Abmessungen benötigt werden.

Aus diesem Grund wird beim zweiten Ansatz das Sonnenlicht konzentriert, womit ein wesentlich kleinerer Schacht benötigt wird. Der Nachteil bei dieser Variante liegt darin begründet, dass durch die Konzentrierung des Lichts seine Bündelung geschwächt wird. Als Folge daraus zerstreut sich die Energie sehr schnell an den Wänden des Schachts. Dieser Mangel kann jedoch abgestellt werden, indem innerhalb des Schachtes das Licht mittels Spiegeln, Linsen oder spiegelnden Oberflächen ausgerichtet wird.

Ein weitere Möglichkeit Tageslicht zu lenken ist mit prismatischen Lichtleitern gegeben. Hier wird eine hohe Röhre aus Acryl-Glas im Gebäude installiert. Die innere Oberfläche der Röhre ist eben, während die äußere Oberfläche mit Rillen profiliert ist. Durch die Oberflächenform wird Licht, welches von außen auf die Röhre trifft in den inneren Bereich reflektiert, um dann weiter in das Gebäude und die verschiedenen Räume geleitet zu werden. Neben dem Schacht zum „Einfangen" des Sonnenlichts werden weitere Komponenten benötigt wie zum Beispiel ein Flachspiegel um einen unverändert konstanten Sonnenlichtstrahl zu liefern, ein Kurvenspiegel-Konzentrationssystem, vertikale Leitkanäle in die verschiedenen Räume, sowie horizontale Deckenverteilungskanäle mit eingebauten elektrischen Leuchten für die Ergänzungsbeleuchtung.

Das größte Problem bei Lichtlenksystemen besteht darin, dass bei bedecktem Himmel eine plötzliche Verdunklung im Gebäude entsteht, die durch Zuschalten von Kunstlicht ausgeglichen werden muss. Bei einer herkömmlichen Tageslichtnutzung über Lichthöfe und die Fassade hat eine Bewölkung nicht so drastische Folgen. Ein weiteres Problem bei Lichtlenksystemen betrifft das bereits erwähnte physiologische Bedürfnis, dass der Mensch zum Wohlfühlen die Verbindung zur Umwelt benötigt um sich zeitlich und klimatisch orientieren zu können. Ohne eine Sichtbeziehung nach außen können die biologischen Anforderungen nicht erfüllt werden. Weitere Probleme können bei der Zugänglichkeit für die Reinigung und Wartung entstehen.[19]

4.5 Innenraumgestaltung

Im Allgemeinen sollten mindestens 80% der Arbeitsflächen in der Tageslichtzone liegen, diese reicht so weit in den Raum wie die doppelte Höhe vom Fußboden bis zur Fensteroberkante. Weiterhin sollten große Raumhöhen gewählt werden mit hellen Oberflächen und Materialien an Decke, Wänden und Boden; dunkle Farben sollten nur zur Akzentuierung verwendet werden. Innenreflektoren in Verbindung mit außen liegenden Lichtlenkelementen können für eine

---

[19] siehe Literaturverzeichnis [1] Seite 109-111

ausgewogenere Lichtverteilung im Innenraum sorgen, vor allem in den hinteren Bereichen. Auf abgehängte Decken sollte wenn möglich verzichtet werden, da sie die Raumhöhe verringern, falls sie jedoch unumgänglich sind, sollten sie sich nur im hinteren Teil des Raumes befinden.

Tageslicht sollte im Idealfall von zwei Seiten in den Raum geleitet werden und zwar bestehend aus einem Hauptlicht und einem Nebenlicht. Das heißt das primäre Licht tritt über die Fassade in den Raum und das sekundäre Licht erreicht zum Beispiel vom Lichthof die Räume. Dafür müssen die innenliegenden Wände der Räume eine Glastür besitzen oder ganz verglast sein.

In den Bereichen der Erschließungs- und Verkehrsflächen kann Transparenz und Helligkeit durch offene Strukturen erreicht werden. Hier sollen also ungeschlossene oder verglaste Brüstungen verwendet werden und Treppen ohne Setzstufe.[20]

4.6 Beschattungs- und Blendschutzsysteme

Wie bereits erwähnt führen Fassaden mit großen Fenstern und hohen Glasanteil im Sommer zu einer Aufheizung des Raumes und zu Blendwirkungen, daher darf auf einen entsprechenden Sonnen- und Blendschutz nicht verzichtet werden.

In diesem Bereich existieren diverse Produkte und Technologien, daher werden im folgenden nur auszugsweise Beispiele gegeben. Man unterscheidet in innenliegenden, außenliegenden, vorgehängten und fassadenintegrierten Sonnenschutz. Dabei kann man auf horizontale oder vertikale Lamellen zurückgreifen, die beweglich oder starr sind. Außer Lamellen sind auch Stoffstoren, Markisen, Jalousien und Rollläden erhältlich. Ebenfalls realisierbar sind auch lichtlenkende Prismen, die einen Großteil der solaren Strahlung zurückreflektieren, sodass die Arbeitsfläche blendfrei ist, allerdings auch einen Teil des Lichtes an die Decke leiten, die dadurch indirekt die Arbeitsebene beleuchtet. Wie bereits erwähnt kann man auch außenliegende Bepflanzung oder innenaufgestellte Pflanzen als Verschattungselemente nutzen (siehe 4.1).

Abbildung 6: horizontale Lamellen zum Herunterklappen als Blendschutz

[20] siehe Literaturverzeichnis [2] Seite 55

Alexander Liebram
Studiengang Regenerative Energie & Energieeffizienz

4.7 Planungsverlauf

Bei der ersten Ortsbegehung ist die Art und Dichte der Nachbarbebauung festzustellen und zu dokumentieren. Darauf basierend sollte dann die Baukörperausrichtung vorgenommen werden.

In der Vorentwurfsplanung ist das generelle Konzept zur Versorgung mit Tageslicht zu entwickeln. Darunter zählen die Zuordnung von Nutzungen im Gebäude, die Bestimmung von geometrischen Raumabmessungen, die Lage und Größe von Fensteröffnungen, sowie eine Vorauswahl von Lichtlenksystemen und Blendschutzvorrichtungen.

In der Entwurfs- und Ausführungsplanung müssen die oben genannten Punkte detailliert ausgearbeitet werden. Weiterhin muss eine Integration der künstlichen Beleuchtung vorgenommen werden. Außerdem müssen Kontrollsysteme, Materialien und Produkte ausgewählt werden. Es darf auch nicht vergessen werden die Gesamtenergieeffizienz und Wirtschaftlichkeit zu bestimmen.

Letztendlich darf nutzungsbegleitend die Inbetriebnahme, Einregelung und Wartung nicht vernachlässigt werden.[21]

5. Beispielgebäude

5.1 Neubaubeispiel

Als besonders gut gelungenes Beispiel gilt der Hearst Tower unweit vom Columbus Circle in Manhattan New York City, aufgrund dessen sein Architekt James Carpenter auch den „Daylight and Building Component Award" gewonnen hat. Das Gebäude besitzt 80.000m² Bürofläche und eine eindrucksvolle Glas-Stahl-Fassade aus überwiegend rezykliertem Stahl. Durch die sehr gute Tageslichtnutzung und der optimalen Regelung wurde dem Hearst-Tower die Goldene Auszeichnung im Rahmen des LEED-Programms des U.S. Green Building Councils verliehen. Eine optimale Luftfeuchte wird durch eine dreistöckige Wasserskulptur im

Abbildung 7: Die Glas-Stahl-Konstruktion des Hearst-Towers sitzt auf der historischen Fassade von 1928

---

[21] siehe Literaturverzeichnis [8]

Alexander Liebram
Studiengang Regenerative Energie & Energieeffizienz

Atrium erreicht.

Das Gebäude wurde 1928 im Art Dèco Stil begonnen, aber wegen Liquiditätsproblemen wurde die Fertigstellung ausgesetzt. Erst 1999 entschied sich die in der Medienbranche tätige Hearst Corporation zur Renovierung. Dabei wurden die originalen Außenwände erhalten und der Unterbau entkernt, auf den später die Glas-Stahl-Konstruktion gesetzt wurde.[22]

Durch die besonders gut abgestimmte Regelungstechnik kann nicht nur Energie für die Beleuchtung eingespart werden, sondern es konnten auch die Investitionskosten in diesem Bereich vermindert werden. Nur auf zwei von sechsundvierzig Etagen werden Dimmsysteme eingesetzt, die bei Veränderung der natürlichen Beleuchtung, das Kunstlicht entsprechend verstärken, sodass eine konstante Beleuchtung vorliegt. Auf den restlichen Etagen werden Schaltsysteme verwendet, die erst beim Verschwinden des Sonnenlichts die elektrische Beleuchtung hinzuschalten. Dadurch, dass so gut wie keine Dimmer verwendet werden, wird viel elektrische Energie eingespart.[23]

Das Tageslicht wird aber erst durch die raumhohen Fenster in das Gebäude gebracht, um den Wärmeeintrag im Sommer gering zu halten und die Transmissionswärmeverluste im Winter zu beschränken würde eine spezielle Wärmeschutzverglasung verwendet. Diese Maßnahmen resultieren darin, dass 96% der Fläche der Etagen durch Tageslicht beleuchtet werden.[24]

Abbildung 8: Lobby des Hearst Towers im historischen Teil des Gebäudes, darüber befindet sich die neue Stahl-Glas-Konstruktion

Der Hearst Tower ist ein Musterbeispiel für die Nutzung von Tageslicht in der Architektur und zeigt, dass selbst große Gebäude sehr gut mit natürlichem Licht versorgt werden können ohne dabei ästhetisch Abstriche machen zu müssen. Besonders gut wurde beim Hearst Tower die Raumgestaltung vorgenommen, wobei die Büros an der Glasfassade liegen und raumhohe Fenster verbaut wurden, die viel Tageslicht in das Gebäude hereinlassen. Die Lobby im historischen Kern des Gebäudes wird mittels Oberlichtern beleuchtet und durch einen Verzicht auf Innenwände wird dadurch die ganze Fläche beschienen. Die Regelung tut ihr

---

[22] siehe Literaturverzeichnis [4]
[23] siehe Literaturverzeichnis [5]
[24] siehe Literaturverzeichnis [6]

 Alexander Liebram
Studiengang Regenerative Energie & Energieeffizienz

übriges um den Energieverbrauch gering zu halten und nichtsdestotrotz für eine angenehme Arbeitsatmosphäre zu sorgen. Ein weiterer Pluspunkt liegt darin begründet, dass der Kontakt zur Umgebung durch die großflächige Verglasung gegeben ist.

5.2 Bestandsbeispiel

Doch nicht nur im Neubau kann eine Tageslichtversorgung integriert werden, selbst im Bestand ist es möglich nachträglich auf eine natürliche Beleuchtung zurückzugreifen. Ein Beispiel dafür stellt der Düsseldorfer Flughafen dar.

Am Flugsteig C wurde in die vorhandene Kunstlichtbeleuchtung mittels des Einbaus von mehreren Solartubes (Prismenröhren, die das Sonnenlicht in das Gebäude leiten) eine natürliche Beleuchtung integriert. Diese sorgt dafür, dass die Kunstbeleuchtung tagsüber fast komplett entfällt und bei den langen Betriebszeiten somit erhebliche Einsparungen realisiert werden können.

Über eine Acrylglaskuppel gelangt das Sonnenlicht in eine hochreflektierende Röhre, die das Licht weiter in das Gebäude leitet. Dadurch, dass die Kuppel eine Prismenstruktur besitzt wird doppelt so viel Licht eingefangen wie mit normalem Glas. Weiterhin können tiefe Sonnenstände im Winter und den Moren- und Abendstunden besser genutzt werden. Da die Röhre einen Reflexionsgrad von 99,7% besitzt kann das Licht ohne große Verluste 20 Meter transportiert werden. Am Ende der Röhre sitzt ein sogenannter Diffuser, also eine Streuscheibe, welche für eine optimale Verteilung des Lichts im Innenraum sorgt. Diese Solartubes können entsprechend der baulichen Situation im Allgemeinen in fast allen Gebäudetypen nachträglich installiert werden, wobei sie sich nach wenigen Jahren durch die Energieeinsparungen amortisieren. [25] Der einzige Nachteil ist, dass durch dieses System kein Bezug zur Umgebung hergestellt werden kann. Allerdings ist es im Bestand auch wesentlich schwerer zu realisieren, dass die Fassade so verändert wird, dass ein höherer Fensterflächenanteil vorliegt.

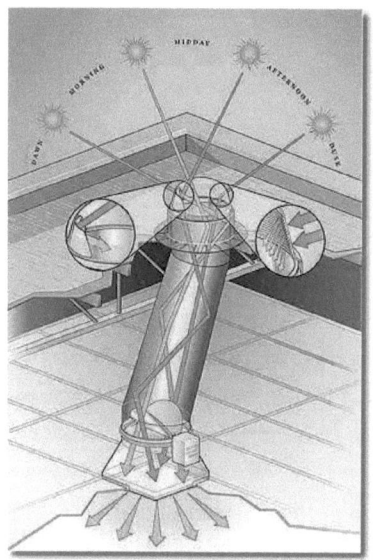

Abbildung 9: Funktionsweise einer Solartube

---

[25] siehe Literaturverzeichnis [7]

6. Fazit

Es lässt sich festhalten, dass die Tageslichtnutzung in der Architektur energetische Vorteile bringt, da elektrische Energie für den Betrieb der künstlichen Beleuchtung eingespart werden kann. Weiterhin ermöglicht die Ausleuchtung des Raumes mit Tageslicht, dass sich der Nutzer wohlfühlt, da es den physiologischen Bedürfnissen des Menschen nachkommt, einen Bezug zur Umwelt herzustellen und so Orientierung in Zeit und Raum zu finden.

Tageslichtkonzepte sollten ganzheitlich am Anfang des Planungsprozess in den Gebäudeentwurf einbezogen werden. Dabei müssen verschiedene Maßnahmen miteinander kombiniert werden. Da diese sich aber wechselseitig beeinflussen müssen sie im Einzelfall geprüft und bestenfalls simuliert werden. Kernaspekte bei der Planung von Tageslichtnutzungssystemen sind die Ausrichtung des Gebäudes, die Fassaden- und Innenraumgestaltung, die Planung von Tageslichtleitsystemen, das Einbeziehen von Sonnenschutzvorrichtungen und letztendlich auch die Kunstlichtbeleuchtung inklusiver ihrer Steuer- und Regelungstechnik. Bei dem Blend- und Sonnenschutz ist darauf zu achten, dass dadurch nicht der Bezug zur Umwelt blockiert wird. Weiterhin sollten dem Wärmeschutz und dem Kühlkonzept besondere Beachtung geschenkt werden, da der große Glasanteil im Winter zu hohen Transmissionswärmeverlusten führt und im Sommer zu einem starken Wärmeeintrag durch solare Strahlung. Der Planungsprozess stellt sich also als interdisziplinär dar zwischen Bauingenieuren, Architekten, Statikern und Haustechnikern.

Als Faustregeln für eine optimale Tageslichtnutzung kann man die folgenden Punkte festhalten, allerdings ist, wie bereits erwähnt der Einzelfall immer speziell zu prüfen:

- große Fassadenabwicklung entwerfen,
- große Fenster mit Sonnenschutzverglasung verwenden,
- außenliegend Sonnen- und Blendschutzvorrichtungen an Fassade anbringen,
- Erschließungs- und Verkehrsflächen mit Oberlichtern und Lichthöfen beleuchten,
- zentrale Räume mit Lichtlenksystemen beleuchten,
- Innenwände als Glas oder teilweise Glaswände gestalten um Lichtverteilung zischen Räumen zu erreichen,
- Mess-, Steuer- und Regelungstechnik für die Kunstlichtbeleuchtung und den Sonnenschutz einbinden,
- winterlichen Wärmeschutz und sommerlichen Kühlung nicht aus dem Auge verlieren,
- interdisziplinär und ganzheitlich das Konzept frühzeitig in den Gebäudeentwurf einbringen.

7. Literaturverzeichnis

[1]   **Becker Epsten Dagmar** Tageslicht und Architektur - Möglichkeiten zur Energieeinsparung und
       Bereicherung der Lebensumwelt [Book]. - Karlsruhe : C.F. Müller GmbH, 1986. - Vol. 18.

[2]   **Energiewirtschaft Bundesamt für** DIANE - Projekt Tageslichtnutzung - Denkanstöße [Book]. -
       Bern : Eidgenössische Drucksachen- und Materialzentrale, 1995. - Vol. 1.

[3]   **Energiewirtschaft Bundesamt für** DIANE - Projekt Tageslichtnutzung - Beispiele, Messungen,
       Tendenzen [Book]. - Bern : Eidgenössische Drucksachen- und Materialzentrale, 1995. - Vol. 1.

[4]   **Wikipedia [Online]** // Wikipedia. - Juni 29, 2011. -
       http://de.wikipedia.org/wiki/Hearst_Tower_(New_York_City).

[5]   **Architectural Lighting [Online]**. - Juli 01. , 2011. - http://www.archlighting.com/industry-
       news.asp?articleID=905315&sectionID=1332.

[6]   **ENERGY STAR Labeled Building and Plants [Online]**. - Juli 01., 2011. -
       http://www.energystar.gov/index.cfm?fuseaction=labeled_buildings.showProfile&profile_id
       =1012104.

[7]   **Korsch Markus** www.interferenz.de [Online]. - Juli 01., 2011. - http://www.ihks-
       fachjournal.de/files/FJ_PDF/2010/stromeinsparung-durch-innovatives-tageslichtkonzept.pdf.

[8]   **Jakobiak Roman A.** Tageslichtnutzung in Gebäuden [Article] // BINE Informationsdienst. -
       Karlsruhe : FIZ Karlsruhe GmbH, 2005.

8. Abbildungsverzeichnis

[1]   http://fineartamerica.com/featured/chicago-union-station-1943-granger.html (26.06.2011)

[2]   www.rlt-info.de/Rltgeraet/ Ventilator/Folie1.GIF   (26.06.2011)

[3]   selbst erstellt

[4]   selbst erstellt

[5]   http://www.ipz.uzh.ch/studium/MA/voraussetzung.html   (28.06.2011)

[6]   http://www.n1rathenow.de/version2.0/leistungenfassade.htm   (28.06.2011)

[7]   http://archrecord.construction.com/projects/portfolio/archives/0608hearst.asp   (01.07.2011)

[8]   http://my.opera.com/POM032002/albums/showpic.dml?

       album=200530&picture=3003651   (01.07.2011)

[9]   www.infobarrel.com/ Media/Solatube   (01.07.2011)